MANUAL DE TOMA DE MUESTRAS EN TRUCHAS ARCOÍRIS

MSc. MVZ. Jeansen Aníbal Montesinos López
MSc. MVZ. Abel Eleazar Quispe Quispe

CADUCEUS

MANUAL DE TOMA DE MUESTRAS EN TRUCHAS ARCOÍRIS

Editado por: Corporación Ígneo, S.A.C.
para su sello editorial Caduceus
José Olaya 169, Ofic. 504, Miraflores. Lima, Perú
Primera edición, noviembre, 2023

ISBN: 978-612-49366-8-5
Impresión bajo demanda

Hecho el Depósito Legal en la Biblioteca Nacional del Perú N° 2023-08892
Se terminó de imprimir en noviembre de 2023 en:
ALEPH IMPRESIONES SRL
Jr. Risso Nro. 580 Lince, Lima

www.grupoigneo.com
Correo electrónico: contacto@grupoigneo.com
Facebook: Grupo Ígneo | X: @editorialigneo | Instagram: @grupoigneo

CONTENIDO

SOBRE LOS AUTORES

MSc. MVZ. Jeansen Anibal Montesinos López

Médico veterinario, zootecnista y con una maestría en Ciencia Animal, mención en Sanidad Animal, por la Universidad Nacional del Altiplano (Puno). Maestro en Sanidad Acuícola por la Universidad Peruana Cayetano Heredia (Lima). Cuenta con diplomados en Biotecnología Molecular Orientada al Diagnóstico de Enfermedades y Monitoreo Sanitario en Especies Acuícolas, y Crianza y Producción Tecnológica de Truchas. Asimismo, es ponente en congresos, simposios y conferencias.

Tiene experiencia en docencia en la Universidad Andina Néstor Cáceres Velásquez y en la Universidad Nacional San Antonio Abad del Cusco (UNSAAC), en el área de Patología Veterinaria. También cuenta con experiencia en formulación y ejecución de proyección de innovación en acuicultura.

Ha publicado artículos científicos en revistas indexadas en SCOPUS, WOS, Crossref, Latindex y otros. Actualmente es gerente de la Corporación de Servicios Veterinarios del Sur S.A.C.

MSc. MVZ. Abel Eleazar Quispe Quispe

Médico veterinario y zootecnista por la Universidad Nacional del Altiplano (Puno), con estudios en maestría en Ciencias Veterinarias de la Universidad Nacional Mayor de San Marcos (Lima). Cuenta con diplomados en Biotecnología Molecular Orientada al Diagnóstico de Enfermedades y Monitoreo Sanitario en Especies Acuícolas, y en Gestión Sanitaria y Enfermedades de las Truchas. Posee un curso de Especialización en Formulación de Proyectos en Innovación.

Cuenta con experiencia en sistemas de producción intensiva y realizó actividades de asistencia técnica en sanidad animal. También tiene experiencia en formulación y ejecución de proyección de innovación en acuicultura y en proyectos de investigación en biotecnología de la reproducción, sanidad y biología molecular.

Ha publicado artículos científicos en revistas indexadas en SCOPUS, WOS, Crossref, Latindex y otros.

AGRADECIMIENTOS

Los autores agradecen al Programa Nacional de Innovación en Pesca y Acuicultura (PNIPA) y a la Corporación de Servicios Veterinarios del sur S.A.C por el cofinanciamiento del proyecto PNIPA-ACU-SFOCA-SP-2021-02531: «Fortalecimiento de capacidades en sanidad acuícola, enfocado en reconocimiento de peces enfermos, toma, empaquetamiento y remisión de muestras a laboratorios de ictiopatología, para promover la creación de un mercado de servicios en diagnóstico, tratamiento y prevención de enfermedades en trucha arcoíris facilitando el encuentro entre laboratorio y productor de la región Puno»; del cual es fruto este manual, que servirá para el aprovechamiento de actores de la cadena de producción de truchas arcoíris.

Los autores también agradecen a la empresa ESPRES EIRL y a su gerente, el Sr. Pablo Escalante Lobón, quien facilitó el acceso a sus instalaciones y proporcionó muestras de truchas para realizar los procedimientos de muestreo, necropsia y envío de muestras al laboratorio, así como su posterior registro fotográfico que en este manual quedan plasmados.

INTRODUCCIÓN

El *Manual en toma de muestras de truchas arcoíris* se elaboró dentro del marco del subproyecto PNIPA-ACU-SFOCA-SP-2021-02531: «Fortalecimiento de capacidades en sanidad acuícola, enfocado en reconocimiento de peces enfermos, toma, empaquetamiento y remisión de muestras a laboratorios de ictiopatología, para promover la creación de un mercado de servicios en diagnóstico, tratamiento y prevención de enfermedades en trucha arcoíris facilitando el encuentro entre laboratorio y productor de la región Puno», con el contrato-225-2022-PNIPA.

De acuerdo con Vásquez y cols., las muestras que se remiten a un laboratorio de ictiopatología tienen el siguiente propósito:

> (...) evaluar el estatus sanitario de un grupo de individuos y, en algunos casos, identificar el agente etiológico causante de muerte o enfermedad. Es por esto que un diagnóstico correcto y oportuno depende en gran medida de la calidad de la necropsia y de las muestras remitidas. Muestras mal tomadas, mal fijadas, mal transportadas, o en algunos casos la falta de órganos o tejidos, limitan las posibilidades de emitir un diagnóstico adecuado. También generan pérdidas de tiempo y dinero, y se retrasan las medidas de prevención y control (2011, p. 5).

Por consiguiente, el objetivo del presente manual es proporcionar una fuente de información concisa y digna en la toma de muestras en truchas arcoíris, dirigida a productores, profesionales, técnicos y estudiantes, y a quienes tengan interés en el tema.

Somos conscientes de que no toda información puede resumirse en un manual, pero tenemos la esperanza de que nuestros esfuerzos constituirán una ayuda para el interesado.

GLOSARIO

El Organismo Nacional de Sanidad Pesquera (SANIPES, 2020), del Perú, establece la metodología mediante el documento *Procedimiento técnico sanitario para el muestreo y envío al laboratorio de recursos hidrobiológicos para el diagnóstico de enfermedades* (Resolución n.º 2020-SANIPES-PE), del cual se han extraído los siguientes términos:

Agente patógeno: Microorganismo que provoca o que contribuye al desarrollo de una enfermedad en un hospedero (humano, animal, vegetal u otro).

Disección: Práctica que consiste en cortar para separar tejidos de un animal, un cadáver de animal o el cuerpo de un animal, para examinarlos y realizar los estudios correspondientes.

Diagnóstico: Designa la determinación de la índole de una enfermedad.

Enfermedad: Designa la infección, clínica o no, provocada por uno o varios agentes patógenos.

Erosión: Destrucción superficial de una superficie de tejido animal por fricción, presión o trauma.

Esplenomegalia: Agrandamiento patológico del tamaño del bazo más allá de sus dimensiones normales.

Esterilización: Destrucción total de todos los microorganismos, sus esporas y productos, usualmente a través de métodos físicos o químicos.

Eutanasia: Es el acto efectuado por personal especializado, consistente en provocar la muerte del animal de la mejor forma posible; es decir, sin dolor y sufrimiento.

Exoftalmia: Condición o signo en el que el ojo del animal está hinchado y sobresale anormalmente de la cuenca del mismo, pudiendo verse afectados un solo ojo o ambos.

Hemorragia: Trastorno de pérdida o salida de sangre desde vasos sanguíneos rotos, pudiendo ocasionarse dentro o fuera del cuerpo del animal acuático.

Hepatomegalia: Agrandamiento patológico del tamaño del hígado más allá de sus dimensiones normales.

Lesión: Daño o cambio estructural anormal de un tejido, un órgano o una parte del cuerpo de un recurso hidrobiológico por causa de una herida o enfermedad.

Longitud estándar: Es la distancia medida en los peces desde el extremo de la boca (extendida, si es protráctil) hasta el extremo posterior de la última vértebra o al extremo posterior de la porción de medio lateral de la placa de hipural (base de la aleta caudal).

Longitud total: Es la distancia medida en los crustáceos desde el extremo del rostrum hasta el extremo del telson, siendo para peces la medida desde el extremo de la boca (extendida si es protráctil) a la punta del lóbulo más largo de la aleta caudal, midiendo generalmente con los lóbulos comprimidos a lo largo de la línea media del pez.

Material estéril: Material que ha pasado por un proceso de esterilización, quedando libre de gérmenes o microorganismos vivos.

Melanización animal: Pigmentación oscura anormal de los tejidos animales como resultado de un trastorno del metabolismo de la melanina.

Necropsia: Un examen preciso y exhaustivo de un animal después de muerto, que implica la disección, observación, interpretación y documentación del mismo, con el propósito principal de determinar el alcance de la enfermedad del animal acuático.

Necrosis: Muerte patológica de las células, generalmente en un área localizada de un tejido u órgano del recurso hidrobiológico.

Nódulo: Pequeña masa anormal de tejido, generalmente como una protuberancia similar a un nudo, el cual puede observarse externa o internamente en el recurso hidrobiológico.

Pool: Conjunto de muestras obtenidas de recursos hidrobiológicos (organismo entero, órganos o tejidos) para ser analizadas como una sola unidad.

Úlcera: Lesión localizada que está erosionando la piel o las membranas de las mucosas, acompañada de la desintegración de los tejidos y necrosis, así como la formación de pus.

PARTE I

TAMAÑO DE MUESTRA Y TIPO DE MUESTREO

En la mayoría de las investigaciones epidemiológicas no resulta eficiente ni viable trabajar con toda la población por razones logísticas (duración del estudio, disponibilidad de mano de obra, complejidad del estudio y/o difícil acceso a toda la información) y económicas (elevado coste del estudio y/o baja rentabilidad esperada).

Por fortuna, la teoría del muestreo nos ofrece las herramientas necesarias para realizar estimaciones sobre una población a partir de una parte de esta mediante la inferencia estadística, aunque aceptando que los resultados obtenidos tendrán un margen de error que viene marcado por un nivel de confianza dado, que determina la probabilidad de que los valores poblacionales reales se encuentren dentro de los límites definidos por el resultado obtenido y el margen de error esperado.

Es evidente que la validez de un estudio censal (efectuado con la información de toda la población) no es equiparable con los resultados procedentes de un subgrupo de la población (estudio muestral), aunque serán muy similares si se respetan unas condiciones mínimas de representatividad, que vendrá dada por el método de muestreo utilizado y el tamaño de muestra calculado. Esto garantizará cierto grado de seguridad y que las conclusiones obtenidas a partir de esta muestra sean fidedignas y generalizables a la población. Precisamente, la inferencia estadística es la que nos permite, bajo ciertas condiciones, extrapolar a toda la población los resultados estimados a partir de una muestra.

1.1. Conceptos básicos

Definiremos el *muestreo* como el procedimiento estadístico o conjunto de reglas que nos permiten seleccionar un grupo de individuos (denominado *muestra*), a partir de una población, con el objeto de adquirir conocimientos significativos de esta.

Comenzaremos definiendo *individuo* como la unidad de investigación caracterizada por diferentes variables, que de forma indistinta puede hacer referencia a un grupo de entidades (una familia), a un individuo propiamente dicho (aunque también puede aludir objetos, sucesos, ideas) o a un componente del individuo (extracciones de sangre procedentes de un mismo individuo en distintos momentos del tiempo).

En un muestreo nos encontramos con que tenemos que distinguir entre distintos conjuntos de individuos definidos en función del objetivo del estudio y del marco de referencia espacio-temporal (su ubicación en cierto lugar y su existencia en un momento dado):

- *Universo del estudio o población diana*: Es el conjunto de todos los individuos portadores de las características que deseamos estudiar.
- *Marco del estudio o población estudiada*: Es el subconjunto del universo del estudio formado por los individuos a los que podemos acceder (población accesible) y seleccionar (población elegible) para obtener información. No suele coincidir con la población diana.
- *Muestra*: Como ya hemos indicado antes, se corresponde con un subconjunto representativo de la población por estudiar, que hemos seleccionado para obtener información.

Definimos *fracción de muestreo* como la proporción de individuos de la población diana (N) que forman parte de la muestra (n); es decir, n/N, y se debe descartar definitivamente la idea de que el tamaño de la muestra sea un porcentaje determinado de una población.

- *Participantes del estudio*: En muchas ocasiones al realizar el estudio no es posible obtener información de todos los individuos de la muestra, por lo que, con el fin de garantizar la representatividad de esta, suele ser recomendable aumentar el porcentaje del tamaño de la muestra (por ejemplo, 10 %) para compensar pérdidas de información. Los participantes son la muestra finalmente seleccionada y el número de participantes debería ser, como mínimo, el tamaño de la muestra calculado.
- Estrato: Hace referencia a los grupos que se forman dentro de la población y de la muestra al clasificar a los individuos en

función de una variable determinada (por ejemplo: el sexo, clases etarias, raza).

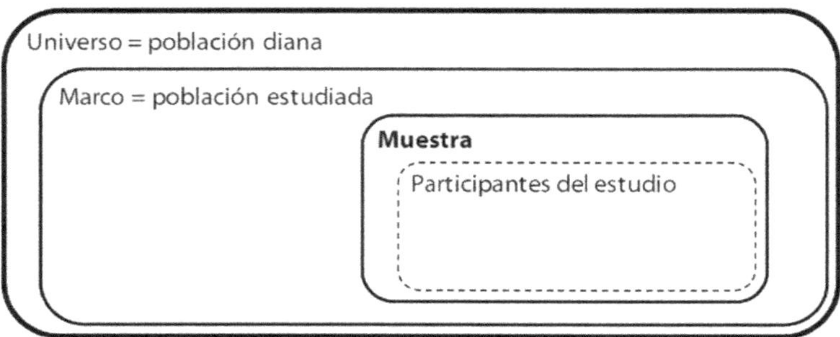

Figura 01. *Esquema de los distintos subconjuntos de individuos implicados en un muestreo.*

- Ejemplo: en un estudio sobre IPNV en un país, considerando una jaula de cultivo de truchas como unidad por estudiar, el universo serían todas las jaulas de cultivo de trucha de la región (150 000). Decidimos realizar la selección basándonos en los listados de autorizaciones de actividad; por tanto, el marco del estudio son las jaulas autorizadas (ya que, a pesar de ser obligatoria la autorización, no todos los propietarios la han solicitado), que son 130 000.

De forma aleatoria, seleccionamos una muestra de 650 jaulas de dicho listados (lo que supone una fracción de muestreo de 0,5 %), pero 50 de las jaulas seleccionados no participan por distintas razones (estanques vacíos, cambio de propietario, falta de cooperación del propietario…). Finalmente tenemos 600 participantes.

Es evidente que si solo trabajamos con parte de la población, los resultados obtenidos de los parámetros estudiados (características poblacionales) son tan solo estadísticos (estimaciones estadísticas de dichos parámetros), que en función de distintos factores que estudiaremos en el presente capítulo será posible extrapolar a la población estudiada (validez interna del estudio) y a la población diana (validez externa).

1.2. Características de la muestra

Para que la estimación obtenida a partir de la muestra sea significativa y, por lo tanto, extrapolable a la población de partida, es preciso que la muestra sea representativa de dicha población. Esta representatividad implica que la muestra cumpla dos requisitos:

- **Homogeneidad**: La distribución de los individuos de la muestra, con respecto a los parámetros estudiados, no debe diferir de la distribución que presenta en la población.
- **Aleatoriedad**: Consiste en que todos los individuos de la población tienen igual probabilidad de formar parte de la muestra.

Existen dos factores fundamentales que condicionan esta representatividad, y son el método de muestreo (probabilísticos y no probabilísticos) y el tamaño de muestra utilizado.

1.3. Tamaño de muestra y tipo de muestreo

El muestreo consiste en la captura (con o sin revisión) de peces representativos de una población. Estos peces pueden ser usados para cierto tipo de estudios o para realizar el diagnóstico de alguna enfermedad. Además, al ser solo una pequeña proporción de la población, se garantiza un aprovechamiento óptimo de los recursos, pero con resultados confiables. No obstante, se requiere que el muestreo sea según ciertos requisitos y procedimientos.

Una vez hechas las inspecciones iniciales, y después de haber obtenido una apreciación previa del estado de salud de la población, se debe seleccionar el tipo de muestra requerida para ser sometida a estudios adicionales con el fin de obtener un diagnóstico definitivo de la situación, logrando la información esperada, pero sin incurrir en costos innecesarios para el productor.

Se debe determinar si el muestreo se realizará de manera puntual, es decir, una sola vez en todo el ciclo productivo, o según el número y frecuencia de muestreos que se deben hacer hasta el fin del ciclo de cultivo y la cantidad de animales por recolectar en cada muestreo.

Igualmente, es fundamental definir si el muestreo se hará para un estudio de prevalencia de una enfermedad en particular, o si se hará para determinar la causa *tamaño de muestra y captura* de una enfermedad que está ocurriendo en el momento. Esta diferencia en el enfoque del muestreo indicará si se hace de manera aleatoria o no aleatoria.

Para decidir estos aspectos, se debe tener en cuenta la sospecha creada de una enfermedad en particular o del grupo de enfermedades que están afectando a una población de truchas, la experiencia del profesional de sanidad en la detección y análisis de signos clínicos de enfermedad, los hallazgos previos, los datos históricos de la granja y del estanque, el origen de los animales, la densidad de cultivo, las características sanitarias que presenta la población y otros aspectos de interés para cada tipo de estudio diagnóstico.

De cualquier forma, el muestreo y la manipulación de los animales debe hacerse de manera tal que la población sea sometida al menor nivel de estrés posible durante el procedimiento, que pueda afectar a los animales en cultivo.

1.3.1. Tipos de muestreo

Las situaciones para realizar el muestreo no siempre son de un caso en particular; cada caso clínico es diferente del otro. Para ello en general existen dos tipos de muestreo, que se usan para objetivos diferentes.

a. Muestreo aleatorio

La unidad experimental en este caso es la jaula flotante, *raceway* o estanque. Este tipo de muestreo se usa para establecer el estado sanitario de determinada población de cultivo o para establecer la prevalencia de un patógeno determinado en dicha población.

El código acuático de la Organización Mundial de Sanidad Animal (OMSA), define la prevalencia como «el número total de animales acuáticos infectados expresado en porcentaje del número total de animales acuáticos presentes en una población determinada y en un momento determinado» (2019); es decir, que corresponde a la proporción de individuos enfermos en una población con respecto al total de animales de dicha población, en un momento determinado del cultivo. La prevalencia (P) se calcula teniendo en cuenta el número de animales enfermos presentes en una población y el número total de animales de la población, de acuerdo con la siguiente fórmula que se expresa en porcentajes (%):

$$P = \frac{\text{Número de camarones enfermos}}{\text{Número de camarones en la población}} \times 100$$

Otro concepto importante que se debe recordar es la *incidencia*, que corresponde al «número de brotes de enfermedad registrados en una población de animales acuáticos determinada durante un período de tiempo determinado» (OMSA, 2019); en otras palabras, el número de nuevos casos de enfermedad en una población en función del tiempo.

La incidencia respecto a la prevalencia de una enfermedad en una población permite determinar si se eleva la aparición de nuevos casos (brotes) y, posteriormente, se calcula la prevalencia de la enfermedad, la cual debe resultar con un valor más elevado también (por la aparición de nuevos casos).

Para hacer un muestreo aleatorio, se obtienen animales al azar de diferentes zonas de cada estanque, que deben incluir las cuatro esquinas y el centro.

Imagen 01. *Extracción de truchas de las esquinas de la jaula flotante durante la captura de peces en una población donde se hará un estudio de prevalencia de una enfermedad infecciosa conocida. (Foto: Subproyecto PNIPA-ACU-SFOCA-SP-2021-02531).*

En el caso de un estudio para determinar la prevalencia de una enfermedad, el tamaño de la muestra (número de truchas por capturar) dependerá de la prevalencia estimada del patógeno en estudio, de la cantidad de truchas que hay en la unidad de producción (jaula, *raceway* o estanque) y del nivel de confianza que se ha elegido para el estudio.

Se debe tener en cuenta que el tamaño de la muestra debe proporcionar un mínimo de 95 % de confianza, con base en la prevalencia esperada de la enfermedad, para garantizar que si existiera dicha enfermedad se pueda encontrar y detectar en los peces capturados al azar y analizados individualmente. Para esto es de gran ayuda la siguiente tabla, que puede ser utilizada como una guía cuando se necesite calcular el tamaño de la muestra para un muestreo de tipo aleatorio, considerando un nivel de confianza de 95 %.

Tabla 01. Tamaño de muestra con base en una prevalencia esperada de un patógeno en una población de truchas.

Tamaño de la población	Cálculo de tamaño de muestra con base en una prevalencia* estimada de una enfermedad						
	2 %	5 %	10 %	20 %	30 %	40 %	50 %
50	50	35	20	10	7	5	2
100	75	45	23	10	9	7	6
250	110	50	25	10	9	8	7
500	130	55	26	10	9	8	7
1000	140	55	27	10	9	9	8
1500	140	55	27	10	9	9	8
2000	145	60	27	10	9	9	8
4000	145	60	27	10	9	9	8
10000	145	60	27	10	9	9	8
≥10000	150	60	30	10	9	9	8

(**Fuentes:** Morales y Cuéllar-Anjel, 2014; tomada de Lightner, 1996 y modificada de Amos, 1985).
*Prevalencia: Porcentaje de individuos de un tipo de hospedero infectado con un patógeno/número de hospederos examinados (Margolis y cols., 1982).

En la tabla anterior se toman en cuenta el tamaño de la población y la prevalencia esperada (en porcentaje) para la enfermedad en estudio, representada en las diferentes columnas de la tabla. La casilla que se utiliza para determinar el tamaño de muestra (número de truchas a muestrear) corresponde a la intersección entre la columna con la prevalencia esperada para la enfermedad y la fila que se ajusta al tamaño de la población. Es decir, que si para un muestreo se confirma que coinciden los tres criterios para la determinación de tamaño de muestra (según la tabla 01), existe un 95 % de confianza de obtener resultados válidos en nuestro estudio de prevalencia, procesando individualmente los camarones en un laboratorio de análisis.

En el muestreo aleatorio no se deben escoger los peces por decisión de quien los captura o del personal de producción, sino que el total de animales que sale en el chinguillo se debe utilizar (sin seleccionarlos) para examinar en el laboratorio; es decir, se deben recolectar las truchas al azar y en la medida que van saliendo durante la captura. Debido a que se trata de un muestreo al «azar», la muestra por analizar puede contener animales sanos y enfermos, grandes o chicos, moribundos o activos. Todos se deben incluir en el estudio, sin excepción.

Este tipo de muestreo se puede efectuar en cualquier momento del ciclo de cultivo, o durante un periodo de brote de enfermedad.

Procesamiento de muestras en pool

El concepto de *pool* consiste en unir varias truchas para ser procesadas como una sola muestra, en vez de procesar cada una de modo individual. De esta manera se ahorrará en tiempo, reactivos y personal. No se requiere desinfección del material de disección (pinzas o tijeras) entre los organismos de un mismo *pool*, pero sí entre un *pool* y el siguiente para evitar contaminación cruzada de las muestras, en particular para estudios de bacteriología o de PCR.

Es una forma de procesar las muestras y solo aplica para estudios aleatorios. Este método se elige cuando se tiene una estimación de la prevalencia de la enfermedad bajo estudio; de esta manera se pueden aplicar fórmulas epidemiológicas para conocer la prevalencia de una enfermedad en una población, de modo similar al análisis individual de organismos de una muestra.

El *pool* no se puede usar para estudios de histopatología y no permite obtener de forma directa estimaciones sanitarias de la población; pero sí se pueden obtener estas por cálculos basados en fórmulas estadísticas, conociendo la prevalencia estimada de la enfermedad en estudio. Se considera una opción práctica y económica para las empresas camaroneras o para organismos oficiales en estudios que implican gran número de muestras.

Imagen 02. *Grupo de truchas de una misma jaula, que se han extraído al azar y que serán sometidas a análisis de laboratorio bajo el sistema de pool. (Foto: Subproyecto PNIPA-ACU-SFOCA-SP-2021-02531).*

b. Muestreo no aleatorio

El muestreo no aleatorio permite determinar la presencia o ausencia de una enfermedad, así como la severidad de esta en las unidades de producción bajo estudio (tanques, *raceways* o estanques). Para ello, se busca obtener solamente organismos enfermos, seleccionados o escogidos durante varios lances de chinguillo efectuados en varios puntos de la unidad de producción.

Este tipo de muestreo se debe realizar cuando hay sospecha de la presencia de un patógeno determinado, de un síndrome, de un proceso tóxico o de una o varias enfermedades simultáneas en una población en cultivo. Para este tipo de muestreo se recomienda seleccionar:

- 5-10 reproductores de truchas **enfermos** por tanque.
- 20-30 alevinos de truchas **enfermas** por tanque, jaula o *raceway*.
- 5-10 truchas adultas **enfermas** por estanque o jaula.

Es decir, obtener un número mínimo de animales que presenten **signos de enfermedad**. Con frecuencia, se encuentran en el área de la compuerta de salida de los estanques o en los rededores de la jaula. Una vez obtenidas las muestras, se hacen llegar al lugar en el que serán procesadas, de acuerdo con las normas vigentes para tales tipos de análisis de laboratorio. Los procedimientos para estas pruebas han sido descritos en documentos complementarios puestos previamente a disposición pública por el SANIPES.

PARTE II

NECROPSIA EN TRUCHAS

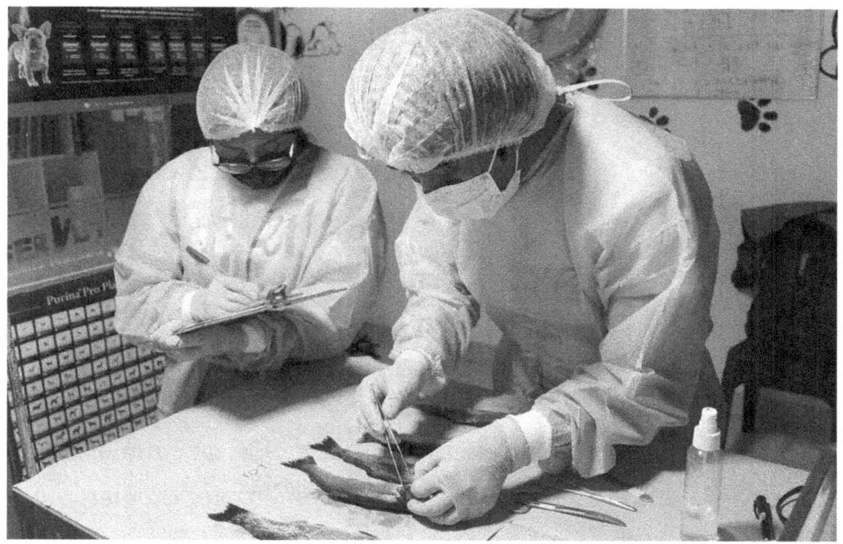

La necropsia es un método o procedimiento que se utiliza para el diagnóstico de lesiones macroscópicas y microscópicas de diferentes tejidos de un animal muerto. En la acuicultura se emplea con el propósito de establecer la causa de muerte de los peces, de tal forma que nos permitirá establecer medidas preventivas y tratamientos al resto de la población.

2.1. Eutanasia

Se realiza con el fin de evitar el sufrimiento físico de los peces, de manera que se acelera su muerte; para esto elegimos un anestésico empleado en la acuicultura (ver la tabla 02). Preferiblemente debe realizarse en el agua la inyección, ya que esto último implica manipulación del pez y esto le producirá estrés. Es recomendable que los peces ayunen entre 24 y 48 h antes de la eutanasia; esto permitirá una rápida absorción por el intestino.

Tabla 02. Tipos de anestésicos utilizados para la eutanasia de truchas

Anestésico	Dosis
Triaína (MS-222)	50-300 ppm o > 250 mg/L
Eugenol	100 mg/L (2 mL/20L)
Isoeugenol	13 mg/L (0,026 mL/L)
Benzocaína	300 mg/mL
Aceite de clavo	≥ 100 ppm

Los peces deben mantenerse en la solución de eutanasia por lo menos 10 min luego del cese del movimiento opercular.

2.1.1. Evaluación del estado de la eutanasia

La exposición a una solución de eutanasia se manifiesta primero por el cese de los movimientos respiratorios, seguido del ensanchamiento de los opérculos. Después de esto, en pocos minutos se producirá el paro cardíaco y la muerte.

2.1.2. Reconocimiento y confirmación de la muerte

Se puede reconocer la muerte por el cese de la respiración (movimientos operculares) y el cese del latido cardiaco (comprobado por palpación; ver la tabla 03).

Tabla 03. Estado de anestesia

Estado de anestesia	Descripción
I	Pérdida de equilibrio.
II	Disminución de movimientos locomotores. Movimientos operculares continuos.
III	Cese de movimientos operculares.

2.2. Anatomía de las truchas

El cuerpo de los peces posee tres regiones distintas, la cabeza, el tronco y la cola. Entiéndase la *cabeza* desde la boca hasta la región branquial; el *tronco* va hasta el poro anal, donde la *cola* comienza.

La boca está rodeada por los maxilares superior e inferior. Los ojos no poseen párpados, por tanto, no se cierran. Sin embargo, están cubiertos por una película transparente cuyo objeto es protegerlos.

De cada lado de la cabeza, entre los ojos y la boca, se encuentran dos orificios interconectados, las *narinas* (orificios nasales), que le brindan la función olfativa. Cerca de los ojos se localiza una placa ósea, llamada *opérculo,* cuya función es recubrir la cavidad branquial.

Levantándose el opérculo es posible observar las branquias. Cada branquia está formada por un arco branquial; son dos branquias a cada lado de la cabeza. En las branquias se encuentran los filamentos branquiales, por donde el agua atraviesa durante la respiración.

Por lo común las aletas se presentan en siete u ocho, dividiéndose en pares e impares: 2 pectorales, 2 pectorales, 2 pélvicas, 1 dorsal (que puede ser bifurcada), 1 anal, 1 caudal y 1 adiposa, cuando la presenta.

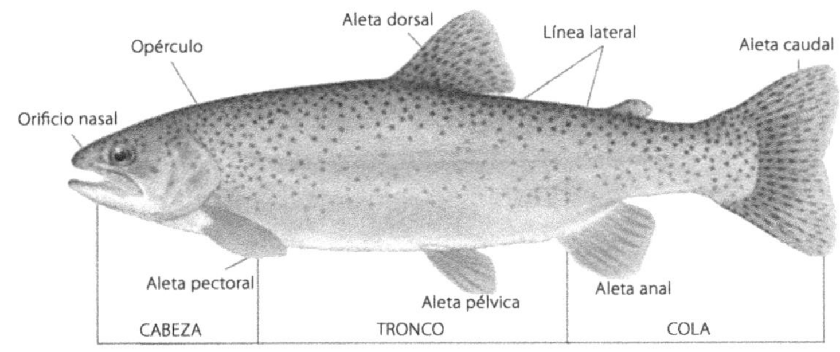

Imagen 03. *Partes externas de la trucha arcoíris.* *(Foto: Subproyecto PNIPA-ACU-SFOCA-SP-2021-02531).*

El corazón de los peces se localiza inmediatamente detrás de las branquias, y está constituido por dos cavidades: un *atrio* o aurícula y un *ventrículo*. El sistema circulatorio es del tipo cerrado de circulación simple; es decir, a cada ciclo completo por el cuerpo la sangre solo pasa por el corazón una vez. La sangre que llega al corazón es venosa, oriunda de la circulación por el cuerpo, que entonces sigue hacia las branquias para oxigenación.

Los peces presentan riñones pronéfricos (presentes en alevinos y excretores de amonio) y mesonéfricos (se encuentran en individuos adultos tanto óseos como cartilaginosos y excretores de urea). En los individuos adultos los riñones se presentan como dos masas con aspecto rojizo, paralelas y dispuestas longitudinalmente junto a la columna vertebral.

Por lo general, los uréteres, al salir de los riñones, se unen formando un conducto único que desemboca en la vejiga urinaria o directamente en el orificio urogenital, dependiendo de la especie. Además, el riñón presenta tejido hematopoyético, responsable de la producción de eritropoyetina por células intersticiales peritubulares, y función inmunológica, promoviendo la interacción inmunoendocrina, actuando en la producción de anticuerpos y de catecolaminas.

El tubo digestivo se inicia en la boca y termina en el poro anal. Se divide en tres partes: intestino cefálico o anterior (cavidad buco-faríngea), intestino medio y el intestino posterior. En el intestino cefálico se localizan la boca y la faringe; en el intestino medio se encuentran el esófago y el estómago. El tipo de estómago puede variar conforme a los hábitos alimenticios de los peces.

Los peces presentan el hígado situado dentro de la cavidad celómica (cavidad única para diversos órganos, similar a la cavidad toráxica y abdominal), separado de la cavidad pericárdica por un tabique transversal. El hígado presenta formas diferentes entre diferentes especies; presenta una coloración oscura y tiene como anexo la vesícula biliar.

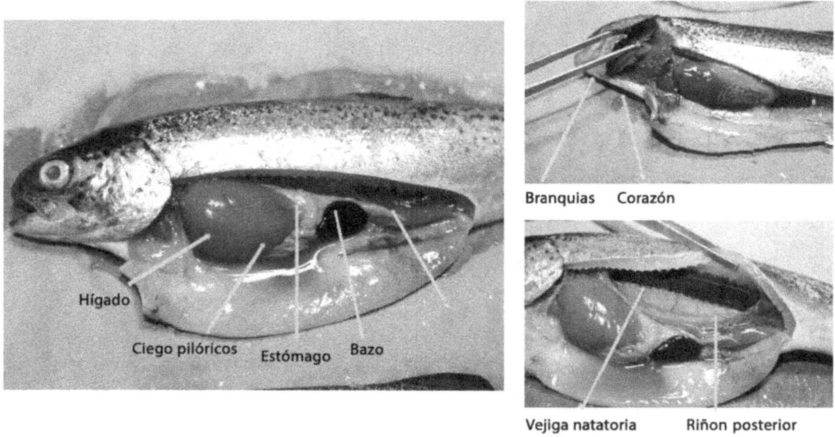

Imagen 04. *Órganos de la cavidad visceral de las truchas arcoíris. (Foto: Subproyecto PNIPA-ACU-SFOCA-SP-2021-02531).*

Anatomía topográfica de la cavidad celómica de la trucha

El cuerpo de la trucha se puede dividir en tres regiones corporales anatómicas: cefálica, celómica y caudal. En la cavidad celómica se encuentran los tejidos y órganos de importancia en el diagnóstico de enfermedades, por tanto, se realizará la descripción topográfica de esta cavidad. Para ello se efectúa una serie de cortes en el lado izquierdo del pez para extraer la piel, las costillas, la musculatura axial, y exteriorizar los órganos y sistemas de la cavidad visceral (Imagen 05).

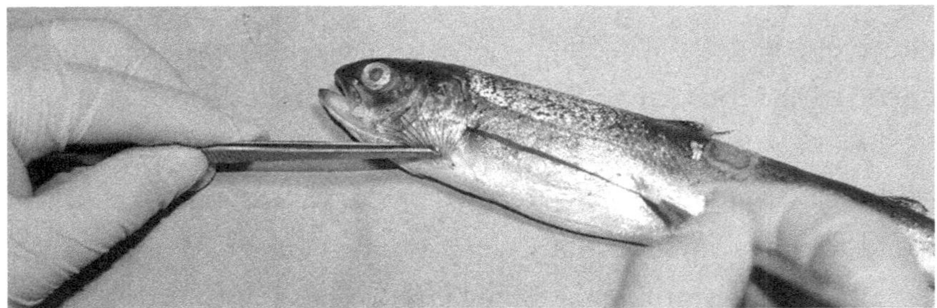

Imagen 05. *Dirección de los cortes para exteriorizar los órganos del pez.* (Foto: Subproyecto PNIPA-ACU-SFOCA-SP-2021-02531).

En la cavidad celómica de las truchas se encuentran los órganos de los sistemas cardiocirculatorio y digestivo. También se encuentra el aparato reproductor y la vejiga natatoria. De manera dorsal está situado el riñón (Imagen 06).

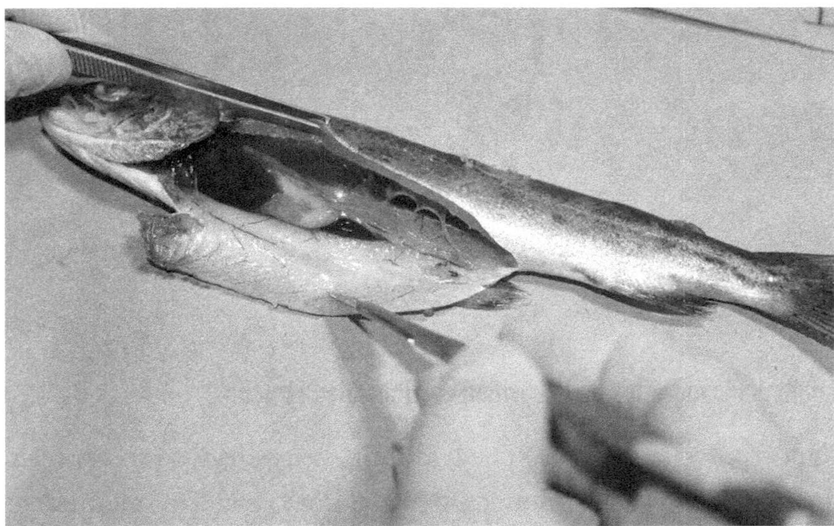

Imagen 06. *Exposición de los órganos de la cavidad visceral de la trucha.* (Foto: Subproyecto PNIPA-ACU-SFOCA-SP-2021-02531).

2.3. Procedimiento de la necropsia

Colocar el pez en posición decúbito lateral derecho.

Imagen 07. *Pez en posición decúbito lateral derecho.* (*Foto: Subproyecto PNIPA-ACU-SFOCA-SP-2021-02531*).

Producir la insensibilización del pez mediante un corte en la médula espinal al nivel del borde posterior del opérculo.

Evaluar las alteraciones en la cabeza, el cuerpo y las aletas.

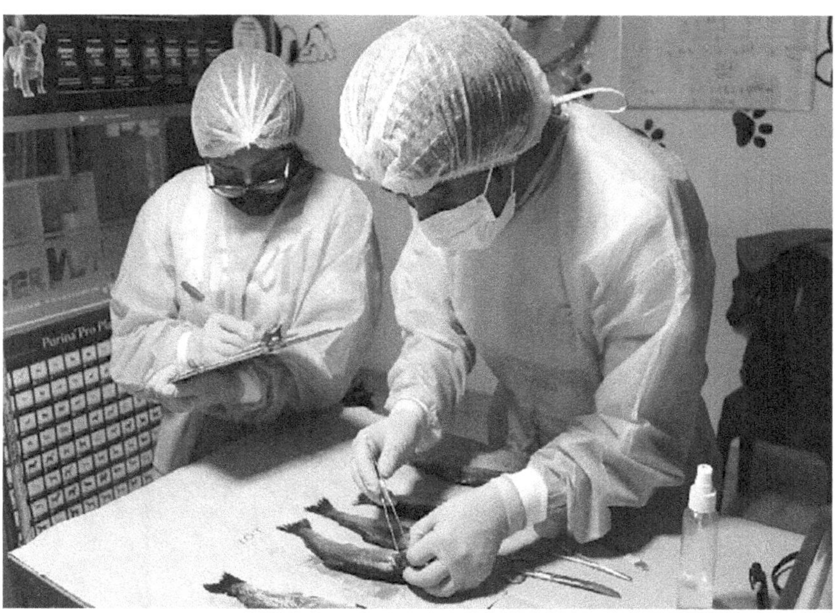

Imagen 08. *Evaluación externa del pez.* (*Foto: Subproyecto PNIPA-ACU-SFOCA-SP-2021-02531*).

A continuación, se retiran los opérculos con la ayuda de una tijera o bisturí.

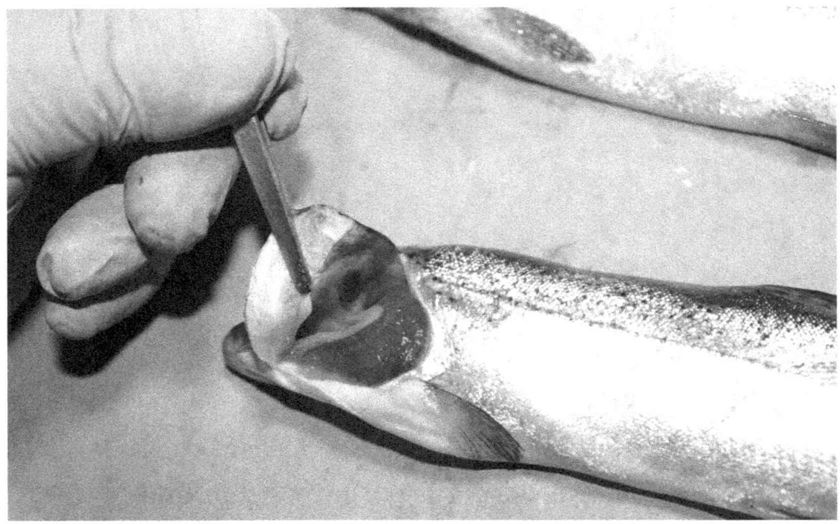

Imagen 09. *Exposición de las branquias.* (Foto: Subproyecto PNIPA-ACU-SFOCA-SP-2021-02531).

Realizar una incisión abdominal desde el poro anal hasta el extremo inferior del opérculo, y la otra hasta el borde de las branquias. Efectuar un tercer corte hacia la parte inferior y unir con el primer corte.

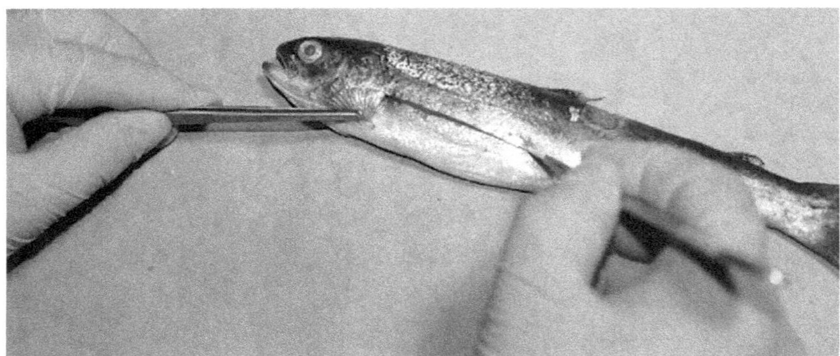

Imagen 10. *Realizar el primer corte desde el borde del opérculo hacia el poro anal.* (Foto: Subproyecto PNIPA-ACU-SFOCA-SP-2021-02531).

Imagen 11. *Efectuar el corte de la piel y músculos.* (Foto: Subproyecto PNIPA-ACU-SFOCA-SP-2021-02531).

Retirar la piel y examinar las vísceras

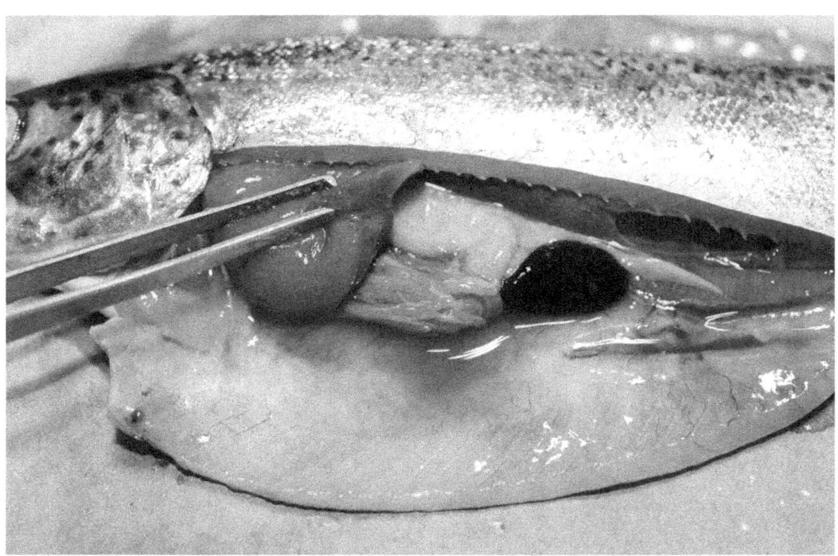

Imagen 12. *Exteriorización de los órganos de la cavidad visceral de la trucha.* (Foto: Subproyecto PNIPA-ACU-SFOCA-SP-2021-02531).

Con la ayuda de una pinza, sujetar el esófago y separar el tracto gastrointestinal hasta la papila anal.

Imagen 13. *Ubicación del esófago para separar el tracto gastrointestinal del pez. (Foto: Subproyecto PNIPA-ACU-SFOCA-SP-2021-02531).*

Para exponer el riñón, efectuar la disección de la vejiga natatoria.

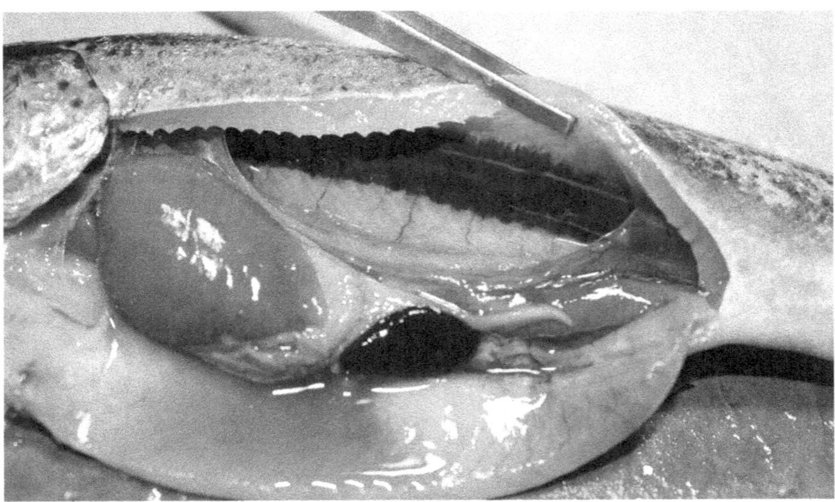

Imagen 14. ***Exteriorización del riñón del pez.*** *(Foto: Subproyecto PNIPA-ACU-SFOCA-SP-2021-02531).*

El cerebro se expone a través de un corte rectangular en el cráneo.

Imagen 15. *Cortes al nivel del cráneo para exponer el cerebro del pez.* *(Foto: Subproyecto PNIPA-ACU-SFOCA-SP-2021-02531).*

PARTE III

MUESTREO Y REMISIÓN DE MUESTRAS AL LABORATORIO

3.1. Consideraciones previas al muestreo

- Verificar la limpieza y desinfección de los utensilios y superficies empleados en la obtención de muestras.
- Los materiales externos a la piscigranja para la obtención de muestras (bolsas, *gel packs*, entre otros) deben ser estériles, por temas de bioseguridad.

- Evitar la visita a otras piscigranjas con estatus sanitario positivo o sospechoso de una enfermedad infecciosa o viceversa.
- El personal y las visitas deben pasar por un proceso de desinfección.

3.2. Criterios de selección de los peces

- La selección de los peces durante el muestreo debe realizarse primero en las unidades productivas donde se encuentren los alevinos/postlarvas, seguidos de los juveniles y finalizando con los adultos (engorde).
- Se debe efectuar una selección de peces moribundos o con signos clínicos compatibles con la enfermedad que se va a evaluar.
- Obtener muestras de peces vivos y/o moribundos.
- Una vez colectadas las muestras, el proceso de manipulación, acondicionamiento y almacenado no debe haber superado un tiempo mayor a 15 minutos desde la recolección.

3.3. Preparación y desinfección en el campo de la indumentaria, materiales, insumos y equipos

Pasar por el procedimiento de desinfección respectivo al ingresar al centro de producción acuícola, que incluye como mínimo la desinfección de las botas de jebe con aspersión de alcohol al 70 %, solución de compuestos yodados a una concentración de 200 a 250 mg/L de yodo libre o solución de hipoclorito de sodio de 200 a 500 mg/L de cloro disponible; y la desinfección de las manos con alcohol al 70 %.

Imagen 16. *Lavado y desinfección de manos y botas. (Foto: Subproyecto PNIPA-ACU-SFOCA-SP-2021-02531).*

Colocar los materiales de disección, materiales para transporte e identificación de muestras sobre una superficie limpia, previamente desinfectada con alcohol al 70 %.

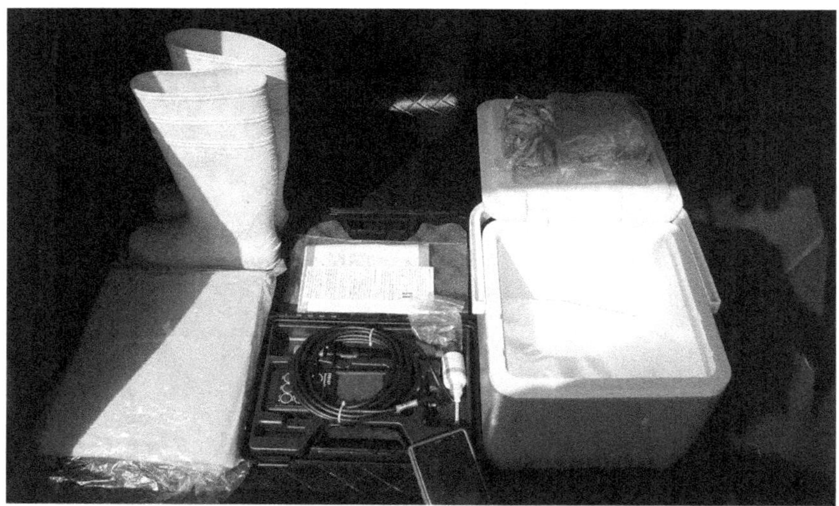

Imagen 17. *Materiales necesarios para el muestreo de peces. (Foto: Subproyecto PNIPA-ACU-SFOCA-SP-2021-02531).*

Para el caso de extracción de órganos y/o tejidos fijados en preservantes, se deben codificar antes los recipientes que contendrán los órganos fijados (tubos, viales, frascos, etc.)

3.4. Ejecución de la actividad de muestreo

Previamente se deberán determinar las coordenadas geográficas y parámetros de calidad de agua.

Imagen 18. *Determinación de parámetros de calidad de agua. (Foto: Subproyecto PNIPA-ACU-SFOCA-SP-2021-02531).*

3.4.1. Manipulación de los peces y uso de anestésicos

En primer lugar, proceder a la captura de los peces de acuerdo a lo explicado en la parte I, procurando reducir el estrés al mínimo posible. Seguidamente, colocarlos en recipientes o baldes que tengan el volumen de tamaño suficiente para la cantidad de peces y el agua que sean necesarios.

Efectuar las medidas biométricas, como longitud y/o peso de los peces. Cuando se requiere el sacrificio de los peces, practicarlo mediante la eutanasia empleando una sobredosis de producto anestésico (revisar la parte II).

Imagen 19. *Captura de los peces enfermos. (Foto: Subproyecto PNIPA-ACU-SFOCA-SP-2021-02531).*

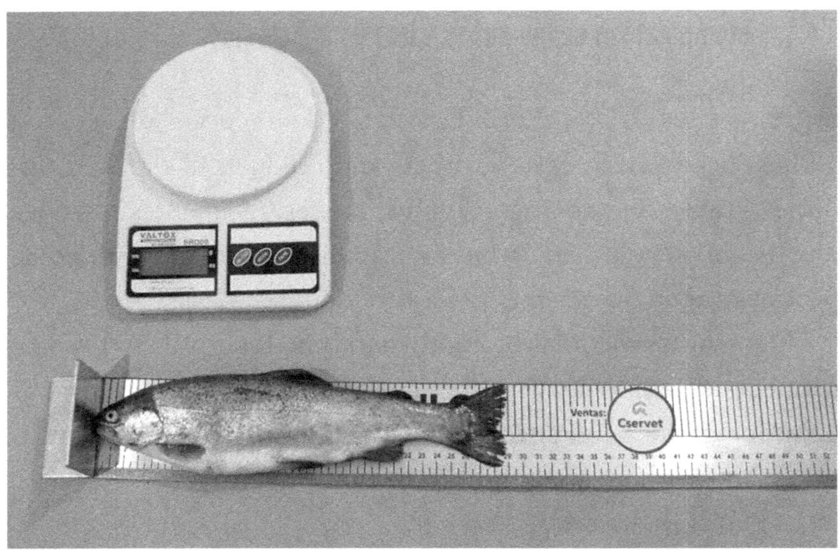

Imagen 20. *Toma de medidas biométricas de los peces muestreados. (Foto: Subproyecto PNIPA-ACU-SFOCA-SP-2021-02531).*

3.4.2. Obtención de muestras

a. Muestras de peces vivos

Los peces vivos deben ser colocados en una primera bolsa de polietileno de primer uso, que contenga agua como máximo un tercio de su capacidad total; y si el transporte va a durar más de 24 horas, debe reducirse la cantidad de agua hasta aproximadamente la cuarta parte del volumen de la bolsa.

Llenar la bolsa a una densidad de peces que considere el espacio disponible en la bolsa, tamaño de los individuos y cantidad de oxígeno disponible.

Inyectar oxígeno puro en la bolsa de polietileno que contiene los peces.

Cerrar el extremo superior de la bolsa con las manos y colocar los mecanismos de seguridad respectivos.

Colocar la primera bolsa de polietileno con la muestra en una segunda bolsa de polietileno de primer uso.

Continuar con el rotulado y embalado.

Imagen 21. *Muestreo de peces vivos.* *(Foto: Subproyecto PNIPA-ACU-SFOCA-SP-2021-02531).*

b. Muestras de peces refrigeradas o congeladas

Los peces muertos deben ser colocados en una primera bolsa de polietileno de primer uso.

Doblar el extremo libre de dicha bolsa, liberando todo el aire posible, de tal forma que quede al final un rectángulo plano.

Colocar la bolsa doblada que contiene la muestra en una segunda bolsa de polietileno de primer uso.

Torcer el extremo libre de la bolsa, haciéndola girar sobre su eje, y colocar el precinto correspondiente.

Continuar con el rotulado y embalado.

Imagen 22. *Envío de muestras refrigeradas o congeladas, (Foto: Subproyecto PNIPA-ACU-SFOCA-SP-2021-02531).*

c. Muestras de órganos de peces

Consideraciones

Para la muestra de los alevines se debe tomar al pez entero sin extraer sus órganos. Solo se retira el saco vitelino, si lo hubiera.

Para la muestra de los peces con tallas entre 4 y 6 cm se deben extraer los órganos enteros, de acuerdo al agente patógeno específico que se desee detectar.

Para la muestra de los peces con talla mayor a 6 cm se debe extraer una porción de los órganos y/o tejidos adecuados para el agente patógeno específico que se desee detectar.

En muestras de diferentes lotes, se debe cambiar todo el material desechable (guantes, hojas de bisturí, papel absorbente, etc.), limpiar y desinfectar la superficie y el material reutilizable; y, asimismo, esterilizar mediante flameó el material quirúrgico (pinzas, mango de bisturí, tijeras, etc.)

Procedimiento

Evaluar las características externas de los individuos seleccionados para las muestras.

Registrar las características externas de los individuos en el formato de *ficha de necropsia de peces.*

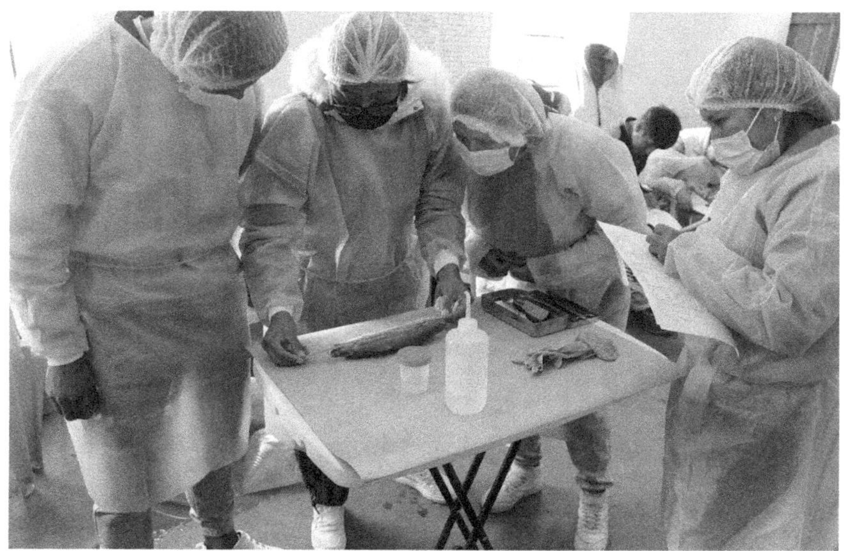

Imagen 23. *Evaluación externa de los peces. (Foto: Subproyecto PNIPA-ACU-SFOCA-SP-2021-02531).*

Ejecutar la necropsia

Una vez expuestos los órganos por remoción de la musculatura, efectuar la evaluación de las características internas de los individuos, considerando los siguientes descriptores:

a) Cavidad abdominal: Presencia de fluidos (ascitis), adherencias u otro.
b) Hígado: Presencia de hemorragias, hepatomegalia, palidez, coloración amarilla/ictericia, congestión u otros.
c) Bazo: Presencia de esplenomegalia, nódulos u otros.
d) Riñón: Presencia de renomegalia, nódulos, entre otros.
e) Ciegos pilóricos/páncreas: Presencia de hemorragias, congestión u otros.
f) Corazón: Presencia de hidropericardio, hemorragias, entre otros.
g) Cerebro: Presencia de hemorragias, congestión, entre otros.

Imagen 24. *Presencia de hidropericardio en una trucha enferma (Foto: Subproyecto PNIPA-ACU-SFOCA-SP-2021-02531).*

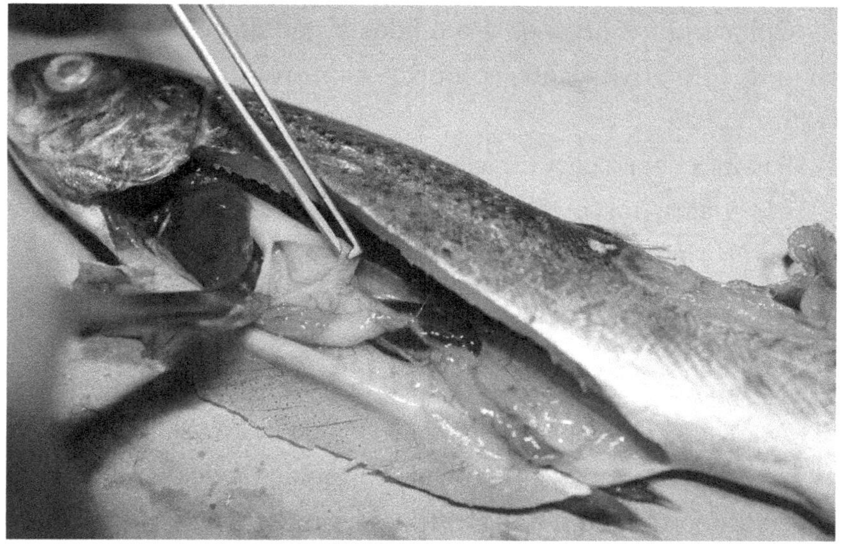

Imagen 25. *Ausencia de alimento en el estómago del pez. (Foto: Subproyecto PNIPA-ACU-SFOCA-SP-2021-02531).*

Registrar las características internas de los individuos en una *ficha de necropsia de peces.* Es necesario tomar fotografías de las lesiones internas evidenciadas durante la evaluación de las características internas de los individuos.

Tomar las muestras de órganos de peces de más de 6 cm, de acuerdo con lo siguiente:

a) Branquias: Se obtienen el 2.do y el 3.er arco branquial, manipulándolos con cuidado para no dañar los filamentos branquiales.
b) Hígado, bazo, riñón anterior, corazón, ciegos pilóricos/páncreas, cerebro y piel: Se obtienen muestras de las zonas donde se evidencien lesiones en trozos de 0,2 a 0,5 cm^3, aproximadamente, para análisis molecular; y trozos de 0,5 a 1 cm^3, aproximadamente, para análisis histopatológico.
c) Se puede realizar el *pool* de órganos cuando corresponda.

Colocar a los órganos y/o tejidos obtenidos en la necropsia en un medio preservante, conforme al propósito del análisis por realizar:

a) Análisis de biología molecular: Se deposita en recipientes (tubos, viales, frascos, entre otros) con solución estabilizadora de ARN, y conservar a una temperatura interna por debajo de 10 °C. Luego se deberán tener en cuenta que dichas muestras pueden guardarse a 4 °C durante un mes, a 25 °C durante una semana, o indefinidamente a -20 °C o temperaturas inferiores.
b) Análisis de biología molecular: Depositar en recipientes (tubos, viales, frascos, entre otros) con solución de etanol al 96 % en una proporción muestra: preservante de 1:10, y conservar a temperatura ambiente.
c) Análisis histopatológico: Fijar de inmediato en formalina tamponada al 10 %; utilizando una proporción muestra: preservante de 1:10, y conservar a temperatura ambiente.

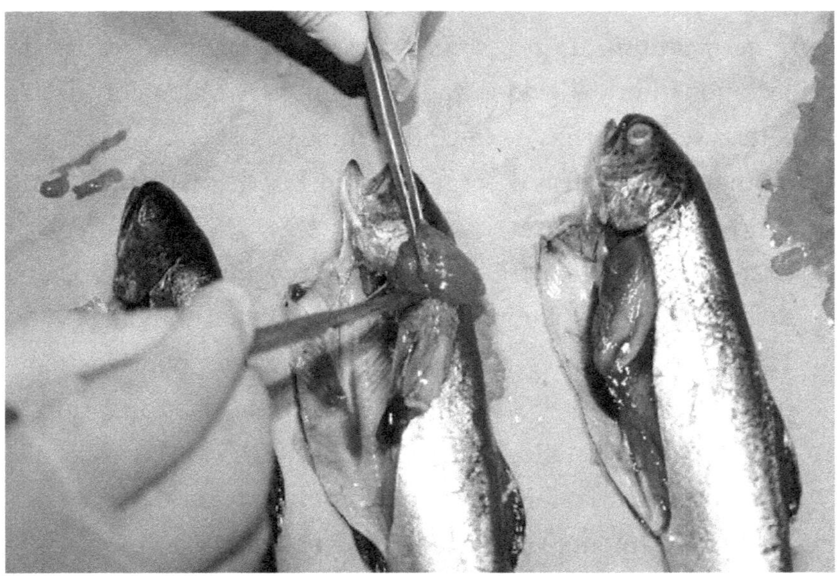

Imagen 26. *Muestreo de hígado del pez enfermo. (Foto: Subproyecto PNIPA-ACU-SFOCA-SP-2021-02531).*

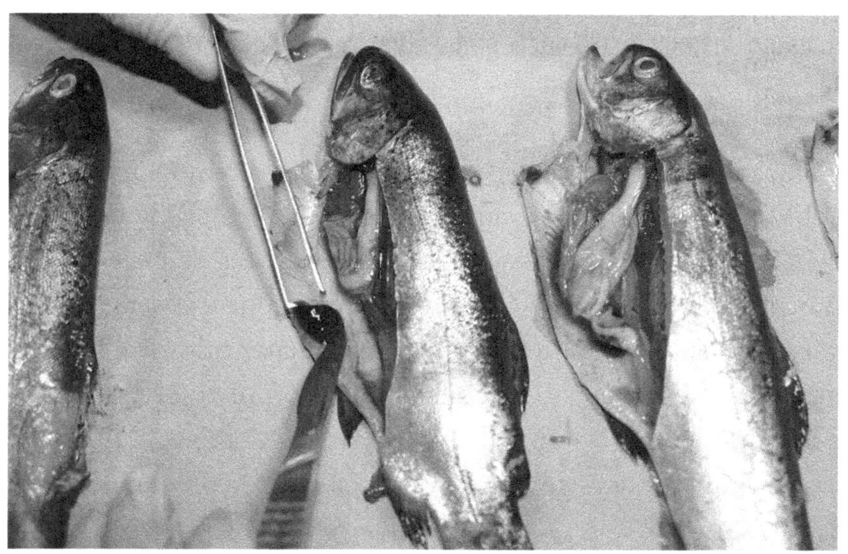

Imagen 27. *Muestreo de bazo del pez enfermo. (Foto: Subproyecto PNIPA-ACU-SFOCA-SP-2021-02531).*

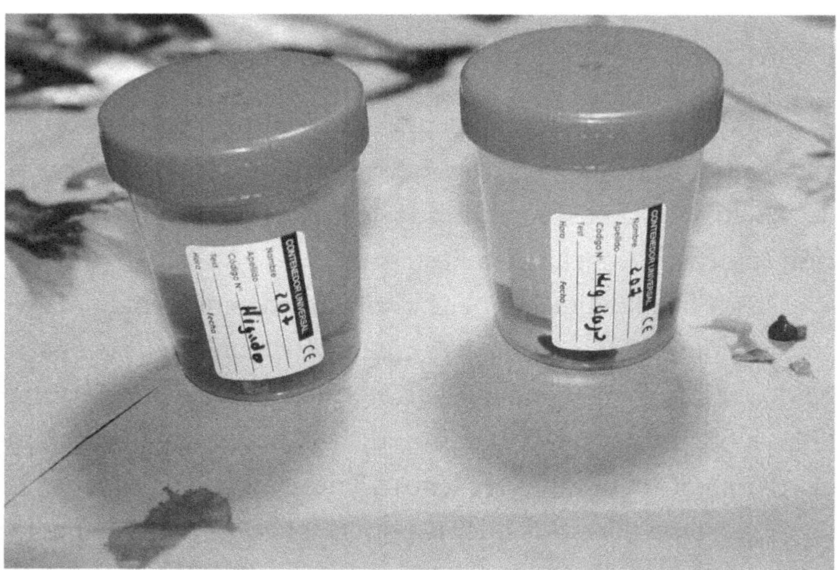

Imagen 28. ***Envasado de muestra de órganos en formol al 10 % para análisis molecular*** *(Foto: Subproyecto PNIPA-ACU-SFOCA-SP-2021-02531).*

Acondicionamiento, rotulado, embalaje y traslado de las muestras

a. Rotulado y embalaje de muestras de recursos hidrobiológicos vivos

Colocar el precinto de seguridad sobre el extremo superior de la bolsa que contiene las muestras de recursos hidrobiológicos.

Colocar las muestras y muestras dirimentes de peces y langostinos vivos en cajas aislantes (*cooler*), que contengan una cantidad de *gel packs* que permitan mantener una temperatura adecuada, según el recurso hidrobiológico por transportar (especie de agua fría 5 °C a 10 °C, y cálidas 15 °C a 20 °C).

Asegurar la tapa de la caja aislante (*cooler*) con cinta de embalaje.

Embalar la caja aislante con *strech film,* varias capas por seguridad, colocando entre ellas el rótulo con la información que la identifique y defina el lugar de destino.

b. Rotulado y embalaje de muestras refrigeradas o congeladas

Para muestras refrigeradas o congeladas, el rótulo es colocado en cinta adhesiva de papel gruesa, que se adhiere a la primera bolsa de polietileno, la cual identifica los datos del centro de producción acuícola y la fecha de muestreo.

Luego, la bolsa que contiene la muestra debidamente precintada se coloca en una caja aislante (*cooler*) con *gelpacks* distribuidos en capas, de modo que permita alcanzar una temperatura interna por debajo de 10 °C dentro de las 4 horas, y manteniendo esa temperatura durante al menos 48 horas.

En caso de muestras que necesiten ser conservadas en congelamiento, deben ser trasladadas para efectuar este proceso y mantenidas a -18 °C antes de enviarlas al laboratorio para el análisis correspondiente.

A continuación se cierra herméticamente, asegurando el sellado de la tapa con cinta adhesiva, embalando la caja con varias capas de *strech film*, y colocando entre las capas el rótulo.

c. Rotulado y embalaje de muestras fijadas en preservantes

Las tapas de tubos/viales/frascos que contienen las muestras fijadas deben ser selladas empleando cinta *parafilm* para evitar derrames.

Cada tubo/vial/frasco debe tener un rótulo que indique el código de muestra o muestra dirimente; este debe hacerse utilizando lápiz y papel resistente al agua. Lo recomendable es cinta adhesiva de papel; nunca deben utilizarse bolígrafos, puesto que el alcohol y otros preservantes disuelven la tinta.

En el caso de tubos cónicos, viales y tubos de 1-2 mL, se deben colocar sobre un soporte de acuerdo al tamaño de los recipientes correspondientes; de tal forma que se coloquen del modo adecuado y permita mantener las muestras verticalmente.

Cada muestra debe ser introducida en una bolsa de polietileno transparente, pequeña; se procede a torcer el extremo libre de la bolsa y se coloca el precinto de seguridad correspondiente. Asimismo, cada muestra dirimente deberá ser precintada.

Para finalizar, se acondiciona cada muestra en una caja aislante (*cooler*) a temperatura ambiente si el traslado dura no más de 24 horas; de lo contrario, se acondiciona la caja aislante con capas de *gel packs* (temperaturas menores a 10 °C) para el envío correspondiente.

La caja aislante se debe cerrar de manera hermética, asegurarla sellando la tapa con cinta adhesiva, embalando la caja con varias capas de *stretch film*, y colocando entre las capas el rótulo de la caja.

d. Envío de muestra al laboratorio de destino

Se debe realizar el registro de la fecha y hora del envío de las muestras y muestras dirimentes correspondientes, y el medio de transporte, de tal manera que se pueda coordinar la adecuada recepción de las muestras en el lugar de destino y, posteriormente, asegurar el ingreso al laboratorio para el análisis correspondiente.

ANEXOS

Ficha de necropsia de truchas

Necropsia:	Estadio:	UP:	Talla (cm):	Lote:	Mortalidad del lote:	
			I. Evaluación externa			
a. Piel	□ Normal	□ Hemorragias	□Úlcera	□Descamación	□Nódulos	□ otro:
b. Boca	□ Normal	□ Hemorragias	□Úlcera	□Descamación	□ otro:	
c. Ojos	□ Normal	□ Hemorragias	□Exoftalmia unilateral	□Exoftalmia bilateral	□ otro:	
d. Aletas	□ Normal	□ Hemorragias	□Úlcera	□Atrofia	□Erosión	□ otro:
e. Branquias	□ Normal	□ Necrosis	□Palidez	□Nódulos	□ otro:	
d. Ano	□ Normal	□ Congestión	□Úlcera	□ otro:		
			II. Evaluación interna			
a. Cavidad abdominal	□ Normal	□ Liq. transparente	□Liq. amarillento	□Adherencias	□Otro:	
b. Hígado	□ Normal	□ Hemorragias	□Congestión	□Palidez	□Hepatomegalia	□Otro:
c. Bazo	□ Normal	□Esplenomegalia	□Nódulos	□Palidez	□Otro:	
d. Riñón anterior	□ Normal	□Renomegalia	□Congestión	□Nódulos	□Otro:	
e. Ciegos pilóricos/Páncreas		□ Normal	□ Hemorragias	□Congestión	□Otro:	
f. Cerebro	□ Normal	□ Hemorragias	□Congestión	□Granuloma	□Otro:	
			III. Observaciones			

Registro de calidad del agua				
N.°	**Fecha**	**Temperatura**	**pH**	**Oxígeno disuelto**
1				
2				
3				
4				
5				
6				
7				
8				
9				
10				
11				
12				
13				
14				
15				
16				
17				
18				
19				
20				
21				
22				
23				
24				
25				
26				
27				
28				
29				
30				
31				

Registro de enfermedades

N°	Fecha	# Estanque/jaula	Nombre de la enfermedad	Signología	Lesiones	Nombre del MV
1						
2						
3						
4						
5						
6						
7						
8						
9						
10						
11						
12						
13						
14						
15						
16						

Registro de enfermedades (Cont.)						
N°	Fecha	# Estanque/jaula	Nombre de la enfermedad	Signología	Lesiones	Nombre del MV
17						
18						
19						
20						
21						
22						
23						
24						
25						
26						
27						
28						
29						
30						
31						

Registro de mortalidad de truchas				
N°	**Fecha**	**N° estanque/jaula**	**Lote**	**Cantidad**
1				
2				
3				
4				
5				
6				
7				
8				
9				
10				
11				
12				
13				
14				
15				
16				
17				
18				
19				
20				
21				
22				
23				
24				
25				
26				
27				
28				
29				
30				
31				

Registro de cuarentena de truchas				
N°	Fecha	Empresa de origen	Cantidad	Observaciones (signos observables)
1				
2				
3				
4				
5				
6				
7				
8				
9				
10				
11				
12				
13				
14				
15				
16				
17				
18				
19				
20				
21				
22				
23				
24				
25				
26				
27				
28				
29				
30				
31				

Registro de higienización y desinfección					
N°	Fecha	N° estanque/ jaula	Método de higiene	Método de desinfección	Tiempo de descanso (días)
1					
2					
3					
4					
5					
6					
7					
8					
9					
10					
11					
12					
13					
14					
15					
16					
17					
18					
19					
20					
21					
22					
23					
24					
25					
26					
27					
28					
29					
30					
31					

Registro de tratamientos									
					Tratamiento				
N°	Fecha	N° poza/jaula	Biomasa	Enfermedad	Fármaco	Dosis (mg)/ Kg PV	Dosis (Kg)/ biomasa	Frecuencia	Tiempo
1									
2									
3									
4									
5									
6									
7									
8									
9									
10									
11									
12									
13									
14									
15									
16									

Registro de tratamientos (Cont.)									
					Tratamiento				
N°	Fecha	N° poza/jaula	Biomasa	Enfermedad	Fármaco	Dosis (mg)/ Kg PV	Dosis (Kg)/ biomasa	Frecuencia	Tiempo
17									
18									
19									
20									
21									
22									
23									
24									
25									
26									
27									
28									
29									
30									
31									

BIBLIOGRAFÍA

National Fisheries Health Agency of Peru (junio, 2018). National Emergency Plan: TILV. Organismo Nacional de Sanidad Pesquera (SANIPES). https://www.fao.org/fi/static-media/MeetingDocuments/TiLV/p29.pdf

Margolis, L., Esch, G. W., Holmes, J. C., Kuris, A. M., y Schad, G.A. (1982). The use of ecological terms in parasitology (report of an ad hoc committee of the American Society of Parasitologists). *Journal of Parasitology*, 68(1):131-133. doi: 10.2307/3281335.

Morales, V. y J. Cuéllar Anjel (Eds.). (2014). *Guía técnica. Patología e inmunología de camarones penaeidos*. OIRSA.

Organismo Nacional de Sanidad Pesquera. (2020). *Procedimiento técnico sanitario para el muestreo y envío al laboratorio de recursos hidrobiológicos para el diagnóstico de enfermedades.* https://www.sanipes.gob.pe/documentos_sanipes/procedimiento/2020/88bac091bf8aa5b4f545feb768ca420d.pdf

Organización Mundial de Sanidad Animal (junio, 2019). *Código sanitario para los animales acuáticos.* https://www.woah.org/es/que-hacemos/normas/codigos-y-manuales/

Vásquez Machado, G. M., Penagos Castro, L. G., e Iregui Castro, C. A. (2011). Técnica de Necropsia y Toma de Muestras para Histopatología y Microbiología en Peces. *Memorias de la Conferencia Interna en Medicina y Aprovechamiento de Fauna Silvestre, Exótica y no Convencional*, 7(2), 5–10.

www.ingramcontent.com/pod-product-compliance
Lightning Source LLC
LaVergne TN
LVHW050342160826
845677LV00014B/3754

* 9 7 8 6 1 2 4 9 3 6 6 8 5 *